AF601155

PRATIQUE
COMPLÈTE
D'APICULTURE.

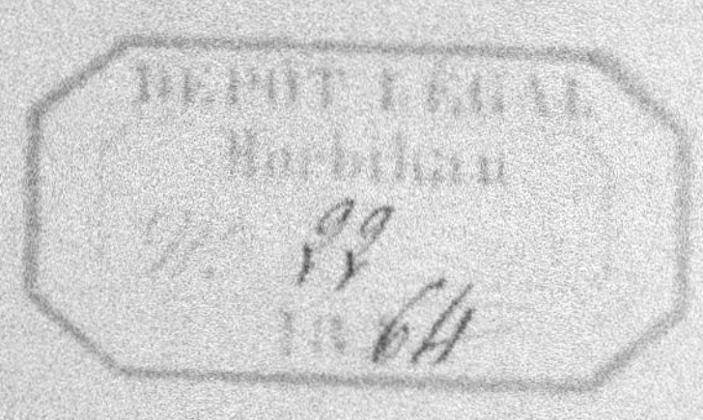

PRATIQUE COMPLÈTE D'APICULTURE

RATIONNELLE ET PROFITABLE

AVEC LA

RUCHE BRETONNE ORDINAIRE EN PAILLE

PAR UN ANCIEN PRÉSIDENT

d'un Comice agricole du Finistère.

PRIX : 50 CENTIMES.

LORIENT,
IMPRIMERIE-LIBRAIRIE D'ÉD. CORFMAT.

1864

PRATIQUE COMPLÈTE
D'APICULTURE
RATIONNELLE ET PROFITABLE

AVEC LA

RUCHE BRETONNE ORDINAIRE EN PAILLE

PAR UN ANCIEN PRÉSIDENT
d'un Comice agricole du Finistère.

PRIX : 50 CENTIMES.

LORIENT,
IMPRIMERIE-LIBRAIRIE D'ÉD. CORFMAT.

1863

INTRODUCTION.

L'apiculture est très-arriérée dans notre contrée. On a toujours la déplorable habitude de tuer les abeilles pour récolter leurs produits ; on extrait mal et en temps inopportun le miel des rayons ; il en résulte que l'on a perte et mauvais miel.

Les bonnes méthodes et les bonnes ruches ne manquent pas ; il y a des livres excellents qui les font connaître, tels que le Guide du Propriétaire d'Abeilles de l'abbé Collin et le Cours d'Apiculture de H. Hamet.

On ne les connait pas, on ne les lit pas ou on les lit légèrement. On ne sait quelle méthode adopter. On croit les méthodes nouvelles difficiles, peu productives, exigeant des ruches compliquées et d'un prix élevé. On a peut être eu sous la main quelque traité médiocre, confus ou incomplet ; on a peut être essayé quelque ruche compliquée et on a échoué ou on a réussi incomplètement, sans penser qu'il ne pouvait en être autrement. On ignorait les principes, on a mal dirigé.

Toute ruche est bonne, si elle est bien conduite. La moins chère, la moins compliquée permet aussi bien que la plus compliquée et la plus chère de pratiquer toutes les opérations utiles.

Après avoir essayé presque toutes les ruches et presque tous les moyens pratiqués, nous avons adopté et nous conseillons pour la pratique, sur une grande échelle, la ruche ordinaire en paille et les procédés les plus faciles, les plus prompts et les plus sûrs.

Nous venons exposer ces moyens. Nous nous garderons bien de chercher à en imposer, en donnant lieu de croire que nous sommes l'inventeur de ces moyens employés ailleurs et d'écrits dans les bons traités et principalement dans ceux cités plus haut.

Nous donnerons sous forme de notes, en bas de chaque page, des notions intéressantes et utiles, mais non indispensables.

CHAPITRE I.

LE RUCHER.

Le lieu destiné à l'établissement d'un rucher doit réunir les conditions suivantes :

Abondance et continuité de fleurs dans un rayon de trois kilomètres au moins ; voisinage d'une prairie ; solitude et calme ; abri du vent, de la pluie et de l'humidité ; exposition au soleil de dix heures ; espace libre qui permette aux abeilles de prendre leur volée.

Les ruches seront légèrement abritées du soleil pendant les grandes chaleurs. Si on veut principalement du miel, on abrite davantage ; si on veut surtout des essaims, on abrite moins.

Les arbres et les plantes les plus favorables dans le voisinage du rucher sont : les tilleul, acacia, arbres résineux et fruitiers, saule, ge-

---

Si on examine l'intérieur d'une ruche, on y distingue d'abord des abeilles et des rayons en cire.

ABEILLES.

Toutes les abeilles ne sont pas semblables, ne font pas la même besogne. Il en est une toute différente des autres que toutes entourent de soins et de prévenances, c'est la mère,

nêt, groseillers, verge d'or, colza, navet, thym, pois, violette, romarin, sarrazin et bruyère, etc, Un rucher ne doit pas comprendre plus de vingt ruches et chaque rucher doit être distant d'un autre rucher de six kilomètres au moins.

Les ruches peuvent être disposées en deux étages ou en quinconce sur deux rangs. Il doit y avoir entre chaque tablier une distance de dix centimètres au moins en tous sens.

Il est avantageux qu'il y ait de l'eau près du rucher.

Les tabliers des ruches seront placés à trente centimètres au moins au-dessus du sol et le sol du rucher sera exempt d'herbes et sablé, si c'est possible.

---

celle qui pond les œufs destinés à perpétuer la ruche et à en créer de nouvelles. Il en est d'autres qui plus grosses, naissent au printemps avec les fleurs et qui sont tuées à la fin de l'été, quand les fleurs disparaissent, ce sont les mâles dits bourdons. Les autres abeilles plus petites, très-nombreuses et très-actives, sont les ouvrières.

Quelques notions sur ces diverses individualités sont très-utiles dans la pratique.

Avant de les donner, nous devons faire connaître qu'on distingue en France deux variétés d'abeilles, l'une grosse et noire, l'autre petite, roussâtre ou brunâtre. Cette dernière variété est plus active que l'autre.

LA MÈRE OU REINE.

La mère, nommée aussi reine parce que toutes les abeilles semblent lui obéir, a les ailes courtes, un corps et des pattes allongés et jaunes.

Son corps a cinq millimètres de diamètre environ.

Elle a un aiguillon, mais elle ne pique que si on la blesse.

L'œuf qui doit produire une mère, est placé dans une alvéole spéciale, beaucoup plus grande que les autres et ayant la forme d'une olive. Il devient insecte parfait en seize jours.

CHAPITRE II.

LA RUCHE.

LE PANNIER.

La ruche en paille en usage dans le pays est celle que nous conseillons. On y fera une petite modification qui la convertira en ruche normande ou en ruche écossaise à volonté. Cette modification consiste dans un trou rond de sept centimètres de diamètre dans le haut, au centre de la ruche.

On distingue les grandes ruches qui jaugent trente-cinq litres environ, les ruches moyennes dont la capacité est vingt-cinq à trente litres et les petites ruches qui jaugent dix-huit à vingt litres. En général les grandes ruches sont préférables pour la production du miel et les petites pour la production des essaims.

Cinq jours après sa naissance, la reine sort de la ruche pour se faire féconder dans les airs par un mâle, et du deuxième au cinquième jour après cette sortie, elle commence à pondre. Excepté pendant les mois de décembre, janvier et février, pendant lesquels la ponte est presque suspendue, la reine pond plus ou moins activement selon

Nous préférons pour tous les cas la ruche qui jauge vingt litres, parce qu'en plaçant sur elle un vase ou une autre ruche, on l'agrandit à volonté.

On mesure la capacité d'une ruche en la remplissant d'un grain quelconque, seigle ou avoine ou même de sable. On mesure ensuite la quantité de grain ou de sable contenue.

On nomme la ruche vide pannier ; son poids est ordinairement deux kilogrammes cinq cents grammes.

LA CALOTTE.

On aura comme annexe de la ruche une petite ruche en paille ou une terrine en bois ou en terre de sept à huit litres de capacité, et que l'on nommera calotte parce qu'elle devra être placée sur la ruche quand cela sera nécessaire ainsi que nous le dirons plus loin. Une telle calotte contiendra environ cinq kilogrammes de miel en rayon.

LE TABLIER.

La ruche repose sur un tablier en pierre ou en bois. Un tablier en bois aura une épaisseur de trois centimètres au moins.

Il sera consolidé en dessous par deux traverses. Le chêne et le châtaignier font de bons tabliers.

Le tablier dépassera la ruche de trois centimètres en arrière et sur les côtés, et de six

---

qu'il y a plus ou moins de plantes mellifères, jusqu'à ce qu'elle ait pondu soixante mille œufs environ.

La mère ne conserve toute sa fécondité que pendant trois ans. Vieille, elle a les ailes frangées et le corps d'un brun terne.

Après sa première sortie de la ruche pour se faire fécon-

centimètres en avant. Les quatre carres seront abattues en large biseau qui facilitera l'égouttement de l'eau. On creusera dans la partie antérieure du tablier et au centre, une entaille large de huit centimètres et haute de sept millimètres qui servira d'entrée aux abeilles. On enfoncera dans cette entaille, à l'endroit correspondant au passage de la paroi de la ruche, une ligne courbe de clous, dits pointes de Paris, longs de deux centimètres cinq millimètres, en laissant entre chaque clou un espace d'un centimètre. On aura ainsi établi à la porte un grillage qui empêchera certains ennemis des abeilles d'entrer dans la ruche.

LE PIED.

Le plus souvent le pied sur lequel repose le tablier est en pierre; on peut faire un bon pied en bois ayant forme d'une petite table, avec des traverses en chêne ou en châtaignier de cinq centimètres d'équarrissage.

Le pied aura au moins trente centimètres de hauteur.

LE SURTOUT.

Chaque ruche surmontée ou non surmontée par une calotte ou par une autre ruche, sera protégée contre la pluie par un toit ou surtout en paille.

---

der, la mère ne sort que rarement l'été, par les très-beaux jours, pour se promener pendant un instant sur le tablier, de trois à quatre heures du soir.

Elle ne peut supporter dans sa ruche la présence d'une autre mère. Si une autre mère y pénètre, elle lui livre un combat dans lequel la plus faible succombe.

LA PORTE.

On fera une porte pour pouvoir enfermer les abeilles.

Cette porte est faite avec un morceau de gaze métallique, ou avec une bande de zinc, ou d'écorce de bouleau, percée de petits trous.

Quand on la met en place, on l'enchâsse dans les petits clous de l'entrée et on la maintient, s'il le faut, avec deux ou trois petites pierres posées sur le tablier et appuyées contre elle.

Quand un œuf de mère est devenu insecte parfait, elle empêche la jeune mère de sortir de son alvéole et l'y tue, si les abeilles ne l'empêchent pas de le faire.

Cependant, s'il y a excès de population dans la ruche, une jeune mère échappe à sa surveillance jalouse ou trouve grâce devant elle et n'est pas tuée dans son alvéole, mais alors la vieille mère lui abandonne la ruche qu'elle quitte avec une partie des abeilles qui s'est gorgée de miel pour aller fonder ailleurs une autre colonie dite essaim.

LES MALES.

Les mâles ou bourdons sont gros et trapus; leur diamètre est cinq millimètres et demi. Ils naissent d'œufs déposés dans les alvéoles plus grandes que les autres, mais semblables.

L'œuf devient insecte parfait en vingt-quatre jours

Les mâles commencent à naitre quand les fleurs commencent à apparaitre.

Ils n'ont pas d'aiguillon, un seul féconde la mère. On pense que les autres servent à élever et à maintenir un degré de chaleur convenable pour l'éclosion et le développement des œufs.

Il y a quatre mille mâles environ dans une ruche. Les mâles ne sortent que de midi à trois heures, et seulement par les très-beaux jours, pour voltiger devant l'entrée de la ruche.

Quand les fleurs et par conséquent la ponte diminuent, les mâles sont tués et jetés hors de la ruche par les abeilles qui les considèrent comme des consommateurs devenus inu-

CHAPITRE III.

MANIEMENT DES ABEILLES

ET

Opérations apicoles.

Avant d'apprendre à choisir une ruche et à la bien conduire, nous devons apprendre à manier les abeilles sans danger et à les rendre dociles, nous devons apprendre les opérations apicoles.

Les abeilles piquent et sont par ce motif un objet de crainte. Cette crainte est généralement exagérée. On peut, surtout si on n'a pas de vêtements de teinte foncée, approcher sans danger de la ruche, en ayant le soin de le faire doucement et de ne pas se tenir dans la direction du

---

tiles et à charge, parce qu'ils consom ent cinq cents grammes de miel environ par jour, sans en butiner jamais.

LES OUVRIÈRES.

Les ouvrières sont le plus grand nombre ; ce sont véritablement les abeilles. Leur nombre dans une bonne ruche est de vingt mille à vingt-cinq mille.

vol des abeilles. On peut, surtout si l'on fume, soulever ou abaisser doucement et très-peu la ruche sans crainte d'être piqué.

Quelques personnes s'amusent à introduire dans la ruche la main et le bras frottés préalablement avec un peu d'eau miellée. Les abeilles viennent s'y poser sans piquer, à la condition toutefois qu'on ne les comprime pas.

En transportant une ruche dans un lieu où l'on voit seulement assez clair pour agir, on peut faire impunément les opérations apicoles; l'obscurité les rend inoffensives, mais il faut ménager à la porte ou à la fenêtre de l'appartement où l'on opère, un très-petit trou par lequel elles s'enfuient pour aller se réfugier dans une ruche vide, mise provisoirement au rucher à la place de la leur qu'on a enlevée.

Quand les abeilles essaiment, on peut recueillir l'essaim sans grandes précautions, elles ne piquent pas.

On peut aussi asphyxier momentanément les abeilles, mais ce moyen cause toujours la mort d'un certain nombre d'abeilles et de larves. Il est donc funeste d'y avoir recours.

MISE EN BRUISSEMENT.

Le meilleur moyen à employer pour manier les abeilles, celui que nous conseillons est l'em-

---

Leur diamètre varie de quatre millimètres et demi à cinq millimètres.

Elles ont un aiguillon avec lequel elles défendent ruche et miel. Cependant quand on les approche sans bruit et doucement, elles sont moins disposées à piquer.

Les œufs qui doivent donner naissance à des ouvrières deviennent insectes parfaits en vingt jours.

ploi de la fumée parce qu'il est le plus prompt et le plus certain.

Un peu de fumée lancée sur les abeilles les fait fuir davantage, leur fait agiter les ailes et produire un bourdonnement dit bruissement, état dans lequel elles sont inoffensives et dociles. Le bruissement peut-être prolongé pendant une demi heure sans inconvénient pour la santé des abeilles. Trop de fumée les tue. Ces observations ont donné lieu à ce qu'on appelle la mise en bruissement, opération qu'il est bon de faire chaque fois que l'on touche à une ruche.

Pour produire le bruissement, on met dans un instrument en tôle de fer d'un prix peu élevé et ayant la forme d'un petit brûloir à café, du vieux linge, ou de l'étoupe ou du foin ou même des feuilles sèches. Cet instrument nommé enfumoir est vendu trois francs, chez M. H. Hamet, rue Saint Victor, 67, à Paris.

Il est adapté à la pointe d'un soufflet. On allume les substances mises dans l'enfumoir dont on ferme ensuite la porte et on se hâte de faire mouvoir le soufflet doucement d'abord. Dès que la fumée sort bien par la pointe de l'enfumoir, cette pointe est placée à l'entrée de la ruche dans laquelle on lance quelques bouffées de fumée. La ruche est soulevée légèrement d'un côté, dans le sens des rayons et maintenue soule-

---

Ce sont les ouvrières qui recueillent et construisent tout ce que l'on trouve dans une ruche; elles soignent et nourrissent les larves; elles nettoient et aèrent la ruche.

Elles ont la faculté de transformer le miel en cire.

Les ouvrières butinent dans un rayon de deux kilomètres.

Une ouvrière peut rapporter dans un voyage le quart de son poids.

vée au moyen d'une petite pierre qui fait cale. On promène sous la ruche ainsi soulevée la pointe de l'enfumoir pour projeter de la fumée dans les intervalles existant entre les rayons. Dès que les abeilles font entendre un bourdonnement bien prononcé, elles sont en bruissement. On cesse donc de leur lancer plus de fumée qui les tuerait. On fait alors l'examen ou les opérations desirées, soit en laissant la ruche sur son tablier, soit après l'avoir transportée un peu plus loin et avoir mis dans ce cas, en son lieu et place au rucher et sur son tablier, une ruche vide, dite provisoire ou de remplacement, qui reçoit les abeilles revenant des champs ou échappées de la ruche. Dès que le bourdonnement diminue et semble devoir cesser, on lance aux abeilles quelques bouffées de fumée pour le maintenir ou pour le rétablir, si on n'a pas encore terminé examen ou opérations à faire à la ruche. Un peu de fumée lancée de trois en trois minutes ou de cinq en cinq minutes suffit. La porte de l'enfumoir doit toujours être ouverte, quand on ne fait pas mouvoir le soufflet. Il faut éviter de lancer trop de fumée aux abeilles.

Si la ruche a été enlevée de son tablier, on l'y reporte après examen ou opérations. La ruche provisoire est enlevée et secouée ou placée à terre retournée près du tablier; les abeilles qui s'y

---

Dix mille abeilles pèsent un kilogramme, mais quand elles essaiment, sept mille abeilles pèsent ce poids, parce qu'avant de quitter la ruche, elles se sont gorgées de miel qu'elles transformeront en cire pour construire de suite un premier rayon dans leur nouvelle demeure.

L'hiver, les abeilles se tiennent dans le haut de la ruche, le printemps et l'automne dans le milieu et l'été dans le bas.

sont réfugiées s'empressent de retourner à leur véritable ruche.

COSTUME.

Si l'on est craintif, il est bon quand on manie les abeilles de s'affubler d'un masque, de gants en taffetas ciré et d'un costume ad hoc de couleur claire, ne livrant passage à aucune abeille.

ÉCHAPPER A LA POURSUITE D'UNE ABEILLE.

Si l'on est poursuivi par une abeille qui décrit de grands cercles, on se réfugie doucement dans un endroit sombre. Là on s'abaisse doucement et on reste immobile jusqu'à ce que l'abeille se soit éloignée.

REMÈDE CONTRE LES PIQURES D'ABEILLE.

Si on a été piqué par une abeille, on ouvre la petite vésicule formée et on tache d'extraire l'aiguillon avec une lame de canif puis on frotte après avoir versé de l'eau végéto-minérale dite eau de Goulard que l'on trouve dans toutes les pharmacies.

OPÉRATIONS APICOLES.

Les opérations apicoles utiles sont le pesage, les réunions des ruches, le placement sur ou sous une ruche pleine d'une ruche vide ou d'une calotte vide, la récolte des ruches et des calottes pleines, la provocation du départ de l'essaim, la

---

Une ouvrière vit douze à quinze mois.

Quand elle est vieille, elle est terne et elle a des ailes frangées,

LES RAYONS.

Avec des abeilles il y a dans une ruche des rayons en

récolte de l'essaim, la formation des essaims artificiels et l'équilibration.

Nous allons décrire la manière de faire ces diverses opérations.

PESAGE DES RUCHES.

Une demi heure avant le coucher du soleil, on met en bruissement les abeilles de la ruche à peser. Une corde est attachée autour et près du milieu de la ruche en forme de ceinture, une autre corde est attachée par ses deux extrémités à la première corde et fait anse. On passe dans cette anse le crochet d'une balance dite romaine et on soulève légèrement la ruche.

RÉUNION PAR SECOUSSES.

Au milieu d'une belle journée, on met en bruissement les abeilles que l'on veut chasser de leur ruche. On enlève cette ruche de son tablier et on la pose rudement à terre devant le rucher ensorte qu'il en résulte une secousse assez forte pour faire tomber à terre une grande partie des abeilles. On retourne la ruche pour mettre son ouverture en haut; on lance encore un peu de fumée aux abeilles non tombées et on donne une nouvelle secousse en retournant son ouverture en dessous et ainsi de suite jusqu'à ce que toutes ou presque toutes les abeilles soient tombées. On

---

cire dits aussi gâteaux ils sont composés de cellules ou alvéoles, servant de réceptacles aux œufs dits couvains, au miel et au pollen.

Quand les rayons sont nouveaux, ils sont blancs; moins nouveaux, ils sont d'un beau jaune clair. Plus tard ils deviennent d'un jaune brun, ensuite ils deviennent noirs et enfin gris.

a eu le soin de ne pas mettre de ruche de remplacement et d'enlever tablier et pied avant de secouer. Les abeilles tombées se réfugient dans les diverses ruches du rucher dont elles vont accroître la population.

RÉUNION PAR SUPERPOSITION.

Une demi heure avant le coucher du soleil, on met en bruissement les abeilles des deux ruches à réunir; puis on enlève l'opercule du trou existant à la partie supérieure de la ruche qui doit recevoir sur elle l'autre ruche. On place dans ce trou un petit bâton ou mieux un morceau de rayon qui touchera les rayons de la ruche inférieure et qui montera assez haut pour toucher ceux de la ruche qu'on va placer en dessus.

Ces dispositions prises, on enlève doucement la ruche à mettre sur l'autre et on la place sur cette ruche. On lutte la jonction des deux ruches avec un mélange d'argile et de bouse de vache.

Le bruissement est maintenu pendant une demi heure. L'une des deux mères, la plus vigoureuse, tuera l'autre mère le lendemain matin; les abeilles ne prendront pas part à la lutte et se mélangeront après la mort d'une des deux mères pour former une seule population.

TRANSVASEMENT PAR SUPERPOSITION ET PAR JUXTAPOSITION.

On met en bruissement, une demi-heure

L'épaisseur de chaque rayon est trois centimètres environ. La longueur des rayons égale la hauteur de la ruche moins un centimètre; les abeilles les arrêtent à un centimètre de la ruche ou des planchers artificiels, quand la ruche est divisée,

avant le coucher du soleil, les abeilles de la ruche à transvaser. Ce résultat obtenu, on enlève doucement la ruche pleine et on la pose à terre; on met en son lieu et place sur son tablier une ruche vide et vite la ruche pleine est posée doucement sur cette ruche vide dont le trou supérieur a été ouvert préalablement. On lutte la jonction des deux ruches avec un mélange d'argile et de bouse de vache. On peut à la rigueur ne pas mettre les abeilles en bruissement pour faire cette opération. Le transvasement se fera seul, naturellement. Les abeilles obligées de traverser la ruche vide placée inférieurement, la rempliront de constructions et s'y tiendront l'été suivant.

L'année qui suit celle où l'on a fait cette superposition, si l'on n'a pas eu pour but de faire un essaim naturel on enlève et on récolte la vieille ruche mise en dessus vingt et un jours après que la ruche composée a essaimé. On n'y trouvera guère que cire et miel, le couvain étant rare à cette époque.

Au lieu de mettre la ruche vide en dessous, on peut la mettre sur un tablier posé à côté de celui de la ruche pleine. On établit une communication entre les deux ruches au moyen d'un tube en bois ou en zinc, courbé à ses deux extrémités, dont l'une plongera dans l'ouverture supérieure de la ruche pleine et l'autre dans celle de la ru-

---

La direction des rayons est le plus souvent transversale par rapport à l'entrée de la ruche.

La distance entre chaque rayon est environ un centimètre.

Un rayon de trente-trois centimètres sur seize centimètres contient quatre mille alvéoles et peut être l'ouvrage d'un jour.

che vide. Ce tube devra avoir au moins trois centimètres de diamètre. La sortie naturelle de la ruche pleine est fermée afin que les abeilles soient obligées de traverser la ruche vide pour sortir. Ce mode de juxtaposition est préférable pour faire l'essaimage artificiel.

CALOTTAGE.

On colle au fond d'une calotte un morceau de rayon en le faisant fondre un peu au feu ou à la chandelle. Une demi heure avant le coucher du soleil, on enlève l'opercule qui ferme le trou supérieur de la ruche. On lance un peu de fumée pour produire le bruissement.

Dans ce trou on met un bâton ou un morceau de rayon qui touchant un gâteau de la ruche, s'élèvera assez haut pour toucher le fond de la calotte ou le gâteau qui y a été collé ou pour s'en rapprocher le plus possible.

On place ensuite la calotte sur la ruche en mettant le gâteau qui y a été collé dans le même sens que ceux de la ruche. On lutte la jonction de la calotte et de la ruche avec un mélange de bouse de vache et d'argile.

ÉQUILIBRATION.

A l'époque où les fleurs mellifères abondent, par un beau jour succédant à plusieurs beaux jours, vers midi, on rend égales la population

---

Les alvéoles ne sont pas toutes semblables. On remarque sur le bord de quelques rayons des alvéoles pendant en grappe et ayant la forme et le volume d'une olive ; ces alvéoles peu nombreuses sont celles qui reçoivent les œufs destinés à donner naissance à des mères.

Parmi les autres alvéoles, il en est d'une dimension plus

d'une ruche forte et celle d'une ruche faible par le moyen suivant :

On lance dans chacune des deux ruches une poignée de farine et vite on place la ruche forte sur le tablier de la ruche faible et celle-ci sur le tablier de la forte.

Cette permutation doit être faite de préférence entre deux ruches voisines et ayant même quantité de rayons.

La moitié de la population de chaque ruche est aux champs à cette heure de la journée.

La moitié des abeilles absentes de la ruche forte, rentrera dans la ruche faible, et celle de la ruche faible, rentrera dans la ruche forte. Les deux ruches seront donc équilibrées, auront donc maintenant population égale.

ESSAIMAGE ARTIFICIEL.

On le fait par transvasement, par superposition ou par juxtaposition ainsi que nous l'expliquons au chapitre qui traite de la conduite du rucher, pour les ruches très-peuplées. Nous donnons en note deux autres moyens de faire l'essaim artificiel.

PROVOCATION DU DÉPART DE L'ESSAIM NATUREL.

Il est difficile et ennuyeux de surveiller le départ d'un essaim ; On fera donc bien à l'époque de l'essaimage, de provoquer le départ de l'es-

---

grande que les autres et qui composent généralement les gâteaux situés à l'arrière dans les ruches rondes et sur les côtés dans les ruches carrées.

Ces alvéoles servent de berceaux aux mâles. Un gâteau de dix centimètres carrés, formé d'alvéoles de mâles, peut suffire à une ruche.

saim d'une ruche très-peuplée et dont les abeilles se suspendent en grappe à l'entrée.

Par un très-beau jour, de dix heures du matin à midi, on frotte un tablier neuf avec une herbe puante comme la camomille des champs, la marrube, etc., etc., et on substitue ce tablier à celui de la ruche dont on veut faire partir l'essaim. On ouvre le trou supérieur de ladite ruche et on verse par ce trou cent grammes environ de miel. On ferme vite ledit trou. Dans l'après-midi ou au plus tard le lendemain, de dix heures à trois heures, l'essaim partira. Dès que l'essaim parti a été recueilli, on enlève le tablier frotté et on rend à la ruche son tablier primitif.

RÉCOLTE DE L'ESSAIM NATUREL.

Quand l'essaim est sorti de la ruche, on lui jette de l'eau ou du sable pour le faire abattre. S'il est posé sur une branche faible, on met sous lui une ruche vide, légèrement emmiellée et renversée ou un sac maintenu ouvert par des cerceaux placés intérieurement et on coupe doucement la branche que l'on met avec l'essaim dans la ruche ou dans le sac.

Si la branche est trop forte pour être coupée, on la secoue jusqu'à ce que toutes ou presque toutes les abeilles soient tombées dans le sac ou dans la ruche. On fait tomber avec une plume ou avec un brin d'herbe les abeilles restées sur la branche.

Les alvéoles de mâles, quand elles sont habitees, sont fermées par un couvercle blanchâtre et bombé.

Les alvéoles d'ouvrières sont plus petites; elles ont un couvercle également bombé mais fauve ou verdâtre, quand elles sont pleines. Si ce couvercle est noir, le couvain est mort ou avorté.

Quand toutes les abeilles sont dans la ruche, on l'enveloppe avec un linge, ou on pose sur elle un tablier renversé, et on retourne le tout pour le transporter et le placer sur un pied au rucher.

Si l'essaim est posé à terre, on place sur lui la ruche vide légèrement emmiellée qu'on maintient soulevée d'un côté avec une petite pierre faisant cale. L'essaim montera bientôt dans la ruche. Dès que l'essaim est dans la ruche, le jour même, si c'est possible, ou le lendemain de onze heures du matin à trois heures du soir, on met doucement la ruche qui le contient sur le tablier de la ruche qui lui a donné naissance, et quelques jours après celle-ci qui a été mise sur un tablier neuf, est équilibrée avec une autre bonne ruche.

RÉUNION DES ESSAIMS.

Si la ruche mère n'est pas connue et si l'essaim pèse moins de quatre kilogrammes cinq cents grammes, y compris le poids de la ruche qui le contient, on le réunit à un autre essaim. Il est préférable que cette réunion ait lieu le jour même où les essaims se sont formés. On la fait ainsi :

Une demi heure avant le coucher du soleil, on met en bruissement les deux essaims à réunir. La ruche qui contient l'essaim le plus fort est posée à terre renversée, ayant donc son ouverture en haut. On prend la ruche qui contient

---

Les alvéoles ont leurs parois légèrement dirigées de haut en bas. Quand elles sont vieilles elles se rétrécissent et donnent naissance à des abeilles rabougries.

En examinant avec attention le fond des alvéoles vides, on voit dans quelques unes un petit point blanc, oblong, collé au fond, sur le côté. Ce point est un œuf, cet œuf deviendra ver.

l'essaim faible ; on la tient un peu au-dessus de l'autre et ayant son ouverture en bas.

Par un coup sec et ferme donné à la ruche faible, on fait tomber l'essaim faible dans la ruche contenant l'essaim fort. Le tablier est posé promptement sur la ruche qui contient les deux essaims ; on retourne ruche et tablier dans leur véritable sens et on les pose sur le pied qui portait l'essaim fort. Le bruissement est maintenu pendant une demi heure.

RÉCOLTE DES CALOTTES ET DES RUCHES SUPERPOSÉES

Par un beau jour, vers midi, on frappe trois coups faibles mais secs contre et derrière la ruche, près du tablier, pour y attirer mère et abeilles. Cinq minutes après on soulève la calotte ou la ruche supérieure d'un côté, et on l'enlève. On la pose à terre, à l'ombre, à deux mètres environ du rucher et en tenant son ouverture en l'air.

On lance un peu de fumée aux abeilles qui se présentent à l'ouverture supérieure de la ruche laissée sur le tablier. Cette ouverture est vite fermée. On retourne la calotte ou la ruche enlevée, on la ferme au moyen d'un bourrelet de terre amassée autour d'elle, on laisse du côté du soleil, une sortie de la grosseur du petit doigt qui permette aux abeilles de fuir. On marque d'un même signe la calotte ou la ruche superposée et la ruche sur laquelle elle reposait.

COUVAIN DE MOINS DE TROIS JOURS.

Le ver grandit en se courbant, deux jours après avoir été pondu, il a la forme d'un C, mais le quatrième jour ses extrémités se sont jointes, il a alors la forme d'un O ; plus tard elles se croisent, le ver grandissant toujours. Ce ver devient ce que l'on appelle larve, puis insecte parfait c'est-à-dire abeille.

S'il faut placer une nouvelle calotte pour remplacer celle enlevée, on la place en ce moment et de la manière indiquée au paragraphe de ce chapitre, traitant du calottage.

On enlève de la même manière la calotte ou la ruche supérieure d'une autre ruche et ainsi de suite.

Au bout d'une demi heure à compter du moment où on a enlevé la première calotte ou la première ruche supérieure, on l'examine en la retournant, afin de voir si toutes les abeilles l'ont abandonnée.

Si elle contenait encore quelques abeilles, on les chasserait avec la fumée.

Si elle en contenait encore un certain nombre, cela indiquerait que la mère y est. Pour les chasser ainsi que la mère, on place sur la calotte ou sur la ruche supérieure que l'on renverse, une ruche vide, on lance en soulevant d'un côté, de la fumée aux abeilles et on tapote en dessous de la calotte ou de la ruche qui contient les abeilles, avec les poings à coups non interrompus pendant quatre minutes ; puis on tapote de même toujours en bas, mais sur les côtés, pendant quatre autres minutes et ainsi de suite, en allant toujours en montant jusqu'à ce que presque toutes les abeilles soient montées dans la ruche vide superposée, ce dont on s'assure en soulevant de temps en temps pour regarder.

La mère a eu le soin de prendre dans chaque espèce d'alvéole l'œuf qui convenait.

Si une ruche est privée de sa mère et si elle n'a pas d'alvéole contenant un œuf de mère, tout n'est pas perdu, s'il y a dans les alvéoles d'ouvrières des œufs c'est-à-dire du couvain de moins de trois jours, ayant donc la forme d'un C.

La ruche vide dans laquelle les abeilles et la mère sont montées est secouée sur le bord antérieur du tablier de la ruche que la mère et les abeilles occupaient avant le décalottage.

On chasse avec de la fumée, les quelques abeilles restant encore dans la calotte ou dans la ruche pleine de miel.

Dès qu'il n'y a plus d'abeilles, on bouche toute entrée aux abeilles du dehors.

Deux personnes peuvent récolter ainsi vingt calottes ou ruches supérieures dans l'espace d'une heure.

Les abeilles agrandissent une de ces alvéoles aux dépens des alvéoles voisines ; elles soignent et nourrissent l'œuf d'ouvrière qu'elle contenait de telle sorte qu'au lieu de donner naissance à une ouvrière, il donnera naissance à une mère qui remplacera celle qui manquait. Cette faculté providentielle est aussi remarquable qu'utile à connaitre, c'est elle qui permet de faire artificiellement l'essaim.

POLLEN.

Dans les alvéoles voisines de celles qui contiennent des œufs ou des vers ou des larves, on trouve une matière purulente et pâteuse ordinairement rougeâtre.

Cette substance est donnée mélangée au miel comme nourriture aux vers par les ouvrières. On la nomme pollen ou rouget. Souvent une même alvéole contient moitié miel, moitié pollen.

Les ouvrières vont chercher le pollen sur les étamines des fleurs. Loin de nuire ainsi à la fructification, elles la facilitent.

Mélangé au miel le pollen lui donne un mauvais goût.

MIEL.

Le miel que chacun connait, est placé en magasin dans les alvéoles situées dans la partie de la ruche la plus éloignée de l'entrée qui est ordinairement le haut de la ruche.

Quand les alvéoles du haut sont remplies, si le miel continue à abonder dans les fleurs, les ouvrières le déposent

CHAPITRE IV.

CHOIX ET ACHAT

DES

Ruches et des Essaims.

Le meilleur moment pour acheter une ruche est la fin de Février, mais l'usage oblige souvent de l'acheter en Octobre.

On va une demi heure avant le coucher du soleil au rucher du vendeur. On met en bruissement les abeilles de la ruche à examiner. On la renverse pour apercevoir l'intérieur.

Elle doit présenter beaucoup d'abeilles très-luisantes, noires ou mieux roussâtres, à ailes ni frangées, ni déchiquetées et sans poux.

---

provisoirement dans les alvéoles du bas, voisines de l'entrée de la ruche.

Les alvéoles entièrement remplies de miel sont fermées par un couvercle en cire jaunâtre, plat et translucide.

Un cinquième des rayons contient ordinairement du miel pur.

Les rayons doivent être entièrement d'un blanc de cire diaphane ou mieux d'un beau jaune, mais, ni noir, ni gris. Ceux du centre doivent contenir du couvain.

Si ces conditions existent, on pèse la ruche qui doit présenter un poids de treize à dix-huit kilogrammes, panier compris.

On frappe avec le doigt trois coups secs sur la ruche, les abeilles doivent y répondre par un bourdonnement sourd et prolongé, ni sec, ni argentin et s'il ne fait pas trop froid se présenter à l'entrée de la ruche pour la défendre. Le prix d'une telle ruche varie de douze à quinze francs.

On marque avec un cachet à la cire la ruche achetée, son transport ne pourra avoir lieu avant la fin de février, si elle doit être installée à une distance moins grande que trois kilomètres.

Si la ruche examinée était un essaim de l'année, un poids de sept kilogrammes cinq cents grammes panier compris, suffirait ; son prix serait alors huit à dix francs.

On peut aussi acheter des essaims à l'époque de l'essaimage, mais il ne faut acheter que des essaims précoces et du poids de quatre kilogrammes cinq cents grammes au moins, panier compris. Le prix d'un tel essaim varie de six à sept francs.

PROPOLIS.

On trouve encore dans une ruche une substance résineuse dite propolis, dont les ouvrières enduisent les parois de la ruche et tout corps étranger qui se trouve dans la ruche.

Elles bouchent avec la propolis toutes les fissures. La propolis leur sert aussi à coller la ruche contre le tablier et la calotte ou la ruche superposée.

CHAPITRE V.

TRANSPORT & INSTALLATION

DES

Ruches et des Essaims achetés.

Le transport des ruches a lieu fin d'Octobre, si on doit les transporter à plus de trois kilomètres et fin de Février dans le cas contraire.

Le transport des essaims achetés à la saison des essaims doit avoir lieu le plus promptement possible. On doit avoir soin de donner peu de secousses à la ruche, les gâteaux d'un essaim étant très friables.

La veille du jour du transport qui doit toujours être fait par une belle journée, on va, une demi

---

ESSAIMAGE ARTIFICIEL.

Nous avons indiqué dans cet ouvrage une manière de faire l'essaim artificiel par superposition et par juxtaposition. Nous indiquerons un moyen plus difficile, mais plus certain.

heure avant le coucher du soleil près de la ruche à transporter. On met les abeilles en bruissement; on enlève la ruche, on la pose doucement à terre, on étend sur le tablier une grosse toile dite serpillière; on remet la ruche sur le tablier. La serpillière est relevée autour de la ruche et on l'y attache bien avec une ficelle qui fait ceinture; on a ainsi emprisonné les abeilles. On place sous un des bords de la ruche une petite pierre qui fait cale et qui la maintient légèrement soulevée afin que l'air puisse pénétrer dans la ruche.

Le lendemain, au milieu de la journée, chaque ruche, dont les abeilles ont été emprisonnées ainsi, est placée renversée, son ouverture en haut donc, dans une voiture ou hotte ou sur une civière et dans ces cas bien calée avec de la paille. On peut encore la suspendre, son ouverture en haut, au bout d'une perche qu'on portera sur l'épaule.

Si le véhicule est une voiture suspendue et si le chemin n'est pas raboteux, on peut trotter.

Les ruches doivent être abritées du soleil pendant le trajet. Quand on est arrivé à destination, on pèse et on met sur un tablier chaque ruche, en ayant le soin de placer une pierre faisant cale sous un de ses bords et la maintenant légèrement soulevée.

On note le poids de chaque ruche et le soir,

On doit opérer au commencement de l'essaimage, par un très-beau jour, de neuf heures du matin à midi et sur une ruche très-peuplée. On met les abeilles en bruissement. On transporte la ruche à l'ombre et on place sur le tablier une ruche vide, dite provisoire ou de remplacement. La

une demi heure avant le coucher du soleil, on retire la cale et on coupe la ficelle qui attache la serpillière. On met en bruissement si l'on veut, puis on enlève la toile en soulevant légèrement la ruche. On place la ruche sur le tablier de telle sorte que le sens des rayons aille de droite à gauche par rapport à l'entrée. Il faut avoir l'attention de mettre toujours à l'arrière les rayons à grandes alvéoles. On lutte la ruche contre le tablier avec un mélange d'argile et de bouse de vache.

---

ruche portée à l'ombre est renversée et dirigée de telle sorte que les rayons viennent aboutir vers l'opérateur.

On ferme les deux tiers de l'ouverture de la ruche les plus éloignés de soi avec une serviette entièrement déployée faisant sac. On fixe les bords de la serviette après ceux de la ruche avec des épingles; on lance aux abeilles de la fumée entre chaque rayon et on tapote les parois de la ruche. Presque toutes les abeilles fuient dans la serviette où elles vont se grouper avec la mère.

On enlève alors doucement abeilles et serviette, en prenant celle-ci par les quatre coins. On étend la serviette à terre en l'ouvrant, et vite on pose sur elle une ruche vide qu'on maintient légèrement soulevée d'un côté par une petite pierre, faisant cale. On lance un peu de fumée en dehors, autour de la ruche vide. Les abeilles montent dans la ruche vide. Dès qu'elles y sont montées, on pose cette ruche sur un tablier, elle constitue l'essaim.

Si, au bout d'une demi heure, le calme s'est établi et si les abeilles n'ont pas fui pour retourner à leur vieille ruche, qui a été remise sur son tablier, au lieu et place de la ruche de remplacement qui y avait été mise provisoirement, on a réussi. Dans ce cas, une heure après on met la ruche qui contient l'essaim sur le tablier, et à la place de la ruche mère dudit essaim, et celle-ci est mise sur le tablier d'une ruche très-peuplée. La ruche très-peuplée est mise sur le tablier sur lequel l'essaim avait été placé d'abord il en résulte trois équilibrations.

CHAPITRE VI.

CONDITIONS DE PROSPÉRITÉ

des Ruches.

Tout apiculteur doit, s'il veut voir son rucher prospérer, se conformer strictement aux prescriptions suivantes :

1° Maintenir toujours une forte population, en réunissant au commencement du printemps et à la fin de l'automne les ruches faibles aux autres, en équilibrant à l'époque de la grande floraison toute ruche faible avec une ruche forte, en réunissant les essaims faibles à d'autres essaims ou à quelques ruches, et en équilibrant l'essaim avec sa mère et celle-ci avec une ruche très-peuplée.

Les abeilles chassées avec leur mère dans un panier neuf s'y établiront. La vieille ruche qui le contenait a été équilibrée ainsi que l'essaim lui-même.

Les abeilles de la vieille ruche, trouvant dans cette vieille ruche du couvain de moins de trois jours, créeront

2° Avoir des ruches toujours amplement approvisionnées de miel, en laissant toujours, quand on récolte, les deux tiers de la provision de miel et en réunissant en septembre aux autres ruches les ruches incomplètement approvisionnées, et les essaims tardifs qui n'ont pas eu le temps de faire abondante provision.

3° Ne pas demander en général à une même ruche, une même année, miel et essaim, mais seulement un de ces deux produits. L'essaim est demandé aux ruches ayant population surabondante, le miel aux autres bonnes ruches; on ne prend rien aux ruches médiocres.

---

une mère qui remplacera celle qui a été enlevée avec l'essaim.

Au bout d'un mois, les ruches équilibrées seront aussi peuplées qu'auparavant.

Il est un autre moyen de faire l'essaimage artificiel, moyen préférable à tous les autres. Il est certain, très facile et très prompt, mais il exige une ruche qui se sépare verticalement en deux moitiés semblables et qui est d'un prix plus élevé que celui de la ruche ordinaire en paille.

Avec cette ruche, on fait l'essaim artificiel ainsi : trois semaines avant l'époque de l'essaimage dans le pays, on divise, le soir, la ruche en deux parties égales verticalement et on accole à chaque moitié pleine une moitié de ruche vide, en sorte que d'une ruche on en a fait deux, qui sont dans les mêmes conditions de population, de construction, d'approvisionnement et de couvain.

Une seule possède la reine, il est vrai, mais celle qui ne l'a pas verra les abeilles en créer une avec du couvain de trois jours qui s'y trouve nécessairement. On emprisonne les abeilles pendant quarante-huit heures dans chaque ruche, afin d'éviter que les abeilles de la ruche qui n'a pas la reine fuient vers celle qui la possède. Cette dernière est celle qui, au bout d'une demi heure, présente le plus grand calme. On peut donner de suite la liberté à la ruche qui a la reine.

CHAPITRE VII.

CONDUITE DU RUCHER.

I. Époque de la floraison des violettes

(2e QUINZAINE DE MARS)

VISITE GÉNÉRALE.

Une demi heure avant le coucher du soleil, on met les abeilles en bruissement, puis on pèse la ruche et on note le poids trouvé. On renverse la ruche à moitié; on examine et on note la couleur des rayons, et s'il y a du couvain sur les rayons du centre.

S'il y a des rayons moisis, on enlève les portions moisies; si les rayons sont noirs, on en retranche dix centimètres, il est avantageux

---

NOURRITURE DES RUCHES.

La méthode qui consiste à nourrir les ruches est ennuyeuse et souvent onéreuse. Il est préférable de toujours réunir, ainsi que nous l'avons conseillé, les ruches incom-

d'enlever la plus grande partie des rayons à grandes alvéoles (de mâles).

Ce pesage et cet examen sont faits pour chaque ruche du rucher.

NOURRITURE DONNÉE AUX RUCHES MAL APPROVISIONNÉES.

Toute ruche dont le poids est au-dessous de neuf kilogrammes cinq cents grammes, panier compris, recevra chaque soir une assiette de miel garnie de brins de paille ou de bois, cette assiette est retirée chaque matin. On donne ainsi du miel chaque nuit jusqu'à ce que la ruche en ait reçu et emmagasiné trois kilogrammes.

On peut, si l'on est timide, mettre les abeilles en bruissement pour mettre et pour retirer l'assiette.

Si les rayons trop longs ne permettent pas de placer l'assiette, on les rogne un peu. Si les rayons ne descendent pas jusqu'à l'assiette, on met sur l'assiette une poignée de paille brisée ou de copeaux qui servira d'échelle aux abeilles.

ENLÈVEMENT DE LA PARTIE INFÉRIEURE DES RUCHES RÉUNIES EN SEPTEMBRE.

C'est aussi à cette époque que l'on enlève celle des deux ruches réunies en septembre précédent qui contenait la population faible et qui, pour ce motif, a été mise dessous. Cette ruche

---

plètement approvisionnées, aux autres ruches. On évite ainsi d'avoir à s'occuper de nourrir les abeilles. Cependant on peut avoir besoin de donner de la nourriture pour sauver une ruche. La nourriture peut être donnée du 1er février au 1er novembre. Au printemps et dans l'été, on

inférieure n'a plus d'habitants, les abeilles s'étant réunies à celle de la ruche supérieure. On en récolte la cire ou on conserve la ruche avec ses rayons, s'ils sont en bon état et exempts de mites, pour y loger plus tard un essaim.

RAPPEL A LA VIE DES ABEILLES ENGOURDIES.

Quelquefois on trouve les abeilles d'une ruche inanimées, en faisant la visite générale. Si leur abdomen n'est ni raccourci, ni replié, elles ne sont qu'engourdies. Pour s'en assurer, on en met une ou deux dans le creux de sa main et on les réchauffe avec son haleine projetée sur elles. Si elles remuent, on fait à la ruche les opérations suivantes, pour rappeler à la vie et sauver ces abeilles qui ne sont réellement qu'engourdies :

On enduit de miel une toile dite serpillière. Les abeilles sont enfermées dans la ruche avec cette toile attachée par une ficelle La ruche est transportée dans une chambre chauffée, dans laquelle on la laisse un jour et une nuit. Puis, vers onze heures du matin, on enduit de nouveau de miel la serpillière sans la détacher et la ruche est portée au rucher. On enduit encore de même de miel la serpillière le lendemain et enfin le surlendemain, on l'enlève le soir pour donner la liberté aux abeilles. On glisse en même temps sous la ruche une assiette de miel, sur laquelle on a mis de la paille brisée ou des copeaux. Cette assiette est retirée le lendemain matin.

---

la donne au moyen d'une assiette pleine de nourriture qu'on met le soir sous la ruche et qu'on retire le matin. Dans les autres saisons, la nourriture est mise dans un verre que l'on coiffe d'une toile et que l'on fait entrer renversé dans le trou existant en haut de la ruche à nourrir.

On donne ainsi du miel chaque nuit, jusqu'à ce que la ruche en ait reçu trois kilogrammes. Si peu d'abeilles étaient revenues à la vie, au lieu de donner ces trois kilogrammes de miel, on secouerait par un beau jour, vers midi, devant le rucher, la ruche qui les contient, après les avoir mises en bruissement. Elles iraient se réunir aux autres ruches et la ruche qui les contenait serait récoltée.

La visite de mars est bonne, mais elle n'est pas indispensable.

2° Époque de la floraison des pommiers

(2e QUINZAINE D'AVRIL).

INSPECTION GÉNÉRALE.

L'importante inspection à passer en avril fait connaître ce qu'il y aura à faire à chaque ruche, et ce que l'on pourra en attendre. Elle se fait ainsi :

A midi, par un très-beau jour, succédant à une série de beaux jours, on approche doucement derrière une ruche, assez près et assez de côté pour pouvoir distinguer et compter le nombre d'abeilles entrant dans cette ruche chargées de cette poussière nommée pollen, dans l'espace d'une minute. On prend note du nombre trouvé pour chaque ruche, et on classe et on désigne ses ruches ainsi :

Une bonne nourriture à donner est celle-ci :

Fécule.	1 litre.
Sel de cuisine en poudre. . .	30 grammes.
Cassonade.	60 id.

Mais la meilleure nourriture est le miel commun étendu d'eau.

On nomme *excellentes* celles qui donnaient entrée à trente abeilles ainsi chargées et qui présentaient beaucoup d'abeilles bourdonnant à l'entrée. On pourra leur demander plus tard un essaim.

On désigne sous le nom de *bonnes* les ruches qui donnent entrée à vingt abeilles ainsi chargées. On pourra leur demander du miel plus tard.

Les ruches qui ne donnent entrée qu'à huit ou dix abeilles chargées de pollen et qui ne présentent que quatre abeilles environ bourdonnant à la porte sont notées *bonnes*, si ce sont des essaims de l'année précédente; *médiocres*, dans le cas contraire. On ne demandera aux ruches médiocres ni miel, ni essaim en général. On les équilibrera plus tard avec une ruche très-peuplée.

RÉUNION DES RUCHES MAL APPROVISIONÉES.

S'il ne rentre que cinq abeilles chargées de pollen et s'il n'y en a que trois ou moins bourdonnant à l'entrée, la ruche est déclarée *mauvaise* et elle devra être de suite réunie par secousses si son poids est au-dessous de cinq kilogrammes cinq cents grammes, panier compris, par superposition avec une des ruches notées médiocres dans le cas contraire. On a soin de mettre la ruche mauvaise sur la ruche médiocre.

MOYEN DE RAMENER A GRANULATION
les vieux miels devenus sirupeux.

On les fond au bain-marie, on écume; on laisse refroidir et on met en pot, en ajoutant dans chaque pot un peu de miel nouveau dans la proportion d'un demi kilogramme par baril.

3° Vingt jours avant l'époque de l'essaimage.

DISPOSITION A FAIRE AUX RUCHES EXCELLENTES.

On met une ruche vide sous la moitié des ruches notées excellentes à l'époque de l'inspection générale, et on place près de chaque ruche de l'autre moitié une ruche vide, en bouchant la sortie de la ruche où sont les abeilles et en établissant par le haut une communication entre les deux ruches, en sorte que les abeilles ne puissent sortir qu'en traversant la ruche vide.

Ces opérations, dites transvasement, ont été décrites au chapitre III, auquel nous renvoyons.

Les abeilles construiront dans la ruche vide et il ne partira probablement aucun essaim.

RENOUVELLEMENT DES RUCHES A VIEUX RAYONS.

On place également une ruche vide sous les ruches notées bonnes qui auraient leurs rayons noirs ou gris. Quand l'année suivante les abeilles se seront établies dans la ruche neuve, on enlèvera la vieille ruche vingt et un jours après que la ruche aura essaimé.

CALOTTAGE.

On place une calotte sur celles des ruches notées bonnes, dont les rayons ni noirs, ni gris, descendent jusqu'en bas et qui pèsent quinze kilogrammes, panier compris.

MOYENS AUTRES QUE LA FUMÉE
d'empêcher les abeilles de se battre quand on fait les réunions.

Dès que les ruches sont réunies, on peut, au lieu de maintenir le bruissement pendant une demi heure, lancer dans les ruches de la farine ou de l'eau miellée.

ENLÈVEMENT DE LA PORTION DE LA RUCHE ABANDONNÉE.

On examine les ruches réunies à la visite de mars, en mettant une demi heure avant le coucher du soleil les abeilles en bruissement. Si les abeilles ont abandonné une des deux ruches pour n'en occuper qu'une, on enlève la ruche abandonnée.

4° Époque de l'essaimage naturel dans le pays.

On sait que les essaims naturels sortent de dix heures à deux heures, par un très-beau jour. Leur départ est annoncé par le vol des abeilles en soleil d'artifice autour de la ruche et par leur réunion en grappe pendante devant le tablier de la ruche.

SURVEILLANCE DE LA SORTIE DE L'ESSAIM.

On surveille la sortie des essaims naturels des ruches qui ont été superposées l'année précédente et qui sont restées ainsi doublées.

PROVOCATION DE LA SORTIE DES ESSAIMS.

On peut avec avantage provoquer cette sortie de l'essaim naturel de toute ruche qui présente les signes indiqués ci-dessus et annonçant un prochain essaimage.

COULEUR ÉCONOMIQUE
pour peindre les ruches en paille.

On triture dans de l'eau, dans laquelle on a fait bouillir de la morue fraiche, deux litres d'argile.

On ajoute quatre litres de bouse de vache, et on mèle

ÉQUILIBRATION.

On équilibre les ruches désignées comme médiocres, avec des ruches notées bonnes ou excellentes.

VISITE DES CALOTTES.

Le soir, on frappe avec le doigt sur les calottes placées trois semaines auparavant. Si le son rendu est sec et bref, la calotte est probablement remplie; si le son est creux, elle ne l'est pas. Si, en outre, la ruche avec sa calotte pèse vingt-cinq kilogrammes, panier compris, il y a également presque certitude qu'elle est pleine. Toute calotte soupçonnée pleine est, une demi heure avant le coucher du soleil, soulevée légèrement d'un côté, afin que l'on puisse vérifier si elle est réellement pleine.

On lance un peu de fumée pour éloigner et calmer les abeilles. Si la calotte n'est pas pleine, on l'abaisse pour la remettre en place exactement comme elle était.

RÉCOLTE DES CALOTTES PLEINES.

Si la calotte est pleine, on l'enlève et on la récolte le plus prochainement, le lendemain si c'est possible; mais, en attendant, on la remet en place et on la calfeutre.

CALOTTAGE DES BONNES RUCHES NON CALOTTÉES.

On met une calotte sur les ruches notées bonnes qui n'en ont pas encore reçues et qui

---

bien le tout, en y ajoutant encore un peu d'eau de morue et cinquante grammes environ de savon commun.

On enduit de ce mélange, avec un balai, la ruche en paille.

n'ont pas été placées sur un panier vide trois semaines auparavant.

5° Du 21e au 24e jour après l'essaimage.

RÉCOLTE DES RUCHES SUPERPOSÉES.

Toute ruche qui, au printemps de l'année précédente, a été placée sur un panier vide, est du vingt-et-unième au vingt-quatrième jour après qu'elle a essaimé, enlevée et récoltée comme on le fait pour les calottes.

6° Trois semaines après l'époque de l'essaimage dans le pays.

ESSAIMAGE ARTIFICIEL PAR SÉPARATION.

A cette époque, c'est-à-dire six semaines après que l'on a juxtaposé la moitié des ruches excellentes pleines contre une ruche vide, on sépare ces ruches géminées pour en faire deux ruches distinctes. Cette séparation se fait une heure avant le coucher du soleil et ainsi :

On frappe avec le doigt trois coups secs en haut de la ruche vide qu'on avait juxtaposée, et qui maintenant doit être pleine en grande partie au moins. Trois minutes après, on frappe trois coups au centre de la vieille ruche et cinq minutes après, on sépare les deux ruches, après avoir lancé un peu de fumée par l'entrée pour mettre en bruissement. Il est bon de mettre sur la jeune ruche, qui servait d'entrée aux abeilles,

---

Quand la première couche est sèche, on en met une seconde.

Des ruches peintes ainsi durent très-longtemps.

une calotte pleine de miel, si on en a une. On bouche le trou supérieur des ruches ainsi dédoublées et non calottées. On soulève un peu chaque ruche dédoublée et on glisse sur son tablier une feuille de papier noir. Au bout d'une demi heure, la vieille ruche, qui doit posséder la mère, doit être calme. Si elle était moins calme que la jeune ruche, cela indiquerait que la mère est dans la jeune ruche. Afin de s'en assurer, on soulève légèrement chaque ruche et on enlève les feuilles de papier noir. On examine sur lequel de ces papiers noirs on voit un ou plusieurs petits corps blancs, oblongs, qui sont des œufs et qui indiquent d'une manière certaine la présence de la mère. Si la mère est dans la vieille ruche, on a réussi; si elle est dans la jeune ruche, l'opération est manquée. Les abeilles abandonneraient la vieille ruche pour aller dans la jeune ruche rejoindre leur mère. Si ce cas se présentait, on se hâterait de rétablir les ruches dans leur état primitif, c'est-à-dire qu'on les juxtaposerait et qu'on les réunirait comme elles l'étaient d'abord. Le lendemain ou le surlendemain, on recommencerait à faire la séparation.

Quelques jours après cette séparation opérée, on équilibre avec une ruche très-peuplée celle des deux ruches qui paraît faible.

7° Six semaines après l'époque de l'essaimage naturel dans le pays.

RÉCOLTE DES CALOTTES, ENLÈVEMENT DE LA PARTIE INFÉRIEURE DES RUCHES RÉUNIES EN AVRIL.

On récolte toutes les calottes. On enlève aussi

à cette époque une des deux ruches réunies en avril à la visite de l'époque de la floraison des pommiers, celle du dessous.

MASSACRE DES MALES.

Il est avantageux de hâter le massacre des mâles devenus des consommateurs inutiles. On y arrive en mettant pendant trois ou quatre très-beaux jours, à deux heures de l'après-midi, à la porte de la ruche, un morceau d'écorce ou de zinc percé de trous, ayant cinq millimètres de diamètre, morceau qu'on retire chaque matin. Les mâles sortis, trop gros pour pouvoir rentrer à trois ou quatre heures du soir selon leur habitude, passent la nuit dehors et le froid les tue.

8° Fin de Septembre.

RÉUNION DES RUCHES MAL APPROVISIONNÉES.

Toute ruche qui pèse moins de treize kilogrammes, poids du panier compris, est réunie à une autre ruche. On réunit de préférence les ruches voisines entre elles. La ruche forte est placée sur la ruche faible. Le poids total des deux ruches réunies doit donner, les deux paniers compris, vingt kilogrammes.

Toute ruche qui pèse seulement sept kilogrammes cinq cents grammes, panier compris, est récoltée après que l'on a chassé ses abeilles par le procédé dit réunion par secousses.

CHAPITRE VIII.

PRODUITS DES RUCHES.

EXTRACTION DU MIEL.

Le meilleur des procédés nouveaux, pour extraire miel et cire, est l'emploi du bain-marie dit Manipulateur-Menuisier. Monsieur Menuisier demeure à Colombes (Seine). Son petit manipulateur extrait quinze kilogrammes à l'heure et coûte 35 francs.

A défaut du manipulateur, on opère ainsi :

Le miel, contenu dans les alvéoles fermées, doit être extrait au plus tard vingt-quatre heures après que les abeilles ont été chassées de la ruche ou de la calotte.

Le miel, contenu dans les alvéoles non encore fermées, peut n'être extrait que quelques jours après.

On enlève d'abord toutes les parties des rayons qui ne contiennent pas de miel. On met ensemble les rayons de même couleur, contenant du miel. Les rayons les plus clairs donneront le meilleur miel. On extrait en une même fois seulement le miel des rayons de même teinte, afin de ne pas mélanger les diverses qualités.

On coupe légèrement avec un couteau le haut des alvéoles operculées et le gâteau est disposé, le côté ouvert en bas, dans un tamis posé sur une terrine en terre vernissée. Si l'on voulait donner un bon goût au miel, on aurait préalablement placé sur le tamis des amandes ou de la lavande, etc., etc. Vingt amandes suffisent pour aromatiser quinze kilogrammes de mieil. Le tamis peut être en métal et avoir des mailles larges de cinq millimètres.

Tamis et terrine sont portés dans un lieu chaud, dont la température ne doit pas excéder quarante degrés centigrades, afin que la cire ne fonde pas.

Quand les alvéoles du côté désoperculé sont vides, on enlève l'opercule des alvéoles du côté opposé et on dépose de nouveau le gâteau sur le tamis, le côté plein et que l'on vient de désoperculer, en dessous.

Quand on a fait égouter ainsi, sans pression, les rayons qui ne contenaient que du miel, on fait la même opération pour ceux contenant miel et pollen, en ajoutant ceux précédemment égouttés. On obtient ainsi encore du miel de goutte, mais de dernière qualité.

Le lendemain, tous ces gâteaux sont placés dans un autre tamis qu'on met sur une autre terrine. On les brise, on les émiette, puis enfin plus tard, on en fait des pelottes que l'on pétrit avec les mains, en les pressant au-dessus du tamis ou on les porte dans un four, dont on vient de retirer le pain. On les y laisse trois heures sur le tamis. Le reste du miel coule mêlé à un peu de cire fondue, mais quand le refroidissement arrive, la cire monte et se fige à la surface, en sorte qu'il sera facile de la retirer. On a ainsi le miel commun, ordinaire, de dernière qualité.

Le miel recueilli est laissé un jour dans les terrines à découvert, en lieu sec, d'une température chaude et bien clos. Au bout de ce temps, on enlève avec soin toute l'écume qui s'est formée et on met le miel dans des vases très-propres en grès ou en verre, mais solides. On bouche et on conserve en lieu sec et aéré d'une température constante de quinze à dix-huit degrés centigrades.

Un pot de sept litres contient dix kilogrammes de miel; un pot de sept décilitres en contient un kilogramme; un pot de trente-cinq centilitres en contient cinq cents grammes.

FABRICATION DU MIOD.

Avant d'extraire la cire, il est avantageux de faire avec les eaux de lavage une boisson de ménage, dite miod et qui vaut un bon cidre. On la prépare ainsi :

Les gâteaux, mis en boule après l'extraction du miel, sont plongés et bien lavés dans de l'eau froide pendant vingt-quatre heures, ainsi tque les tamis et vases emmiellés. Au bout de ce temps, on les retire et on fait bouillir pendant deux heures ces eaux de lavage, dans une chaudière en cuivre, en écumant avec soin pendant l'ébullition ; puis on verse cette eau dans un cuvier en bois, d'où on la tire à clair, après refroidissement, pour la mettre dans des tonneaux propres et sans goût. On emplit entièrement le tonneau, dont la bonde reste ouverte et on le place dans un lieu, dont la température varie seulement de quinze à vingt-cinq degrés centigrades. On laisse ainsi le tout six semaines, remplissant au fur et à mesure que la fermentation fait le liquide s'extravaser. Au bout de ce temps, on met le bondon ; on laisse le liquide reposer pendant quelques jours, puis on boit à la clef ou on met en bouteilles.

EXTRACTION DE LA CIRE.

On met les rayons de cire réduits à l'état de grosses boules par les opérations précédentes, et les gâteaux qui ne contenaient que de la cire et dont on a enlevé les matières étrangères, dans un sac de toile claire. On emplit aux deux tiers une chaudière d'eau ; on met cette chaudière au feu. Quand l'eau a soixante degrés centigrades de chaleur environ, on y met le sac contenant la cire et, au moyen d'une pierre ou d'un bâton, on le maintient toujours plongé entièrement dans l'eau. On fait bouillir à petit feu. La cire s'élève sur l'eau à mesure qu'elle fond et on l'enlève aussitôt avec une grande cuillière, semblable à celles qui servent pour écrémer le lait. On jette ainsi par cuillerée la cire dans un autre vase contenant de l'eau chaude. Là on la laisse refroidir, ou si on le préfère, on la verse dans des moules en fer-blanc adhoc, plongeant aux deux tiers dans de l'eau chaude. La cire dans ces moules va se refroidissant avec l'eau qui les entoure.

PRODUIT PÉCUNIAIRE.

Les ruches, conduites avec soin et intelligence, peuvent donner de beaux bénéfices. On peut être certain de tirer des capitaux engagés un intérêt de quinze à vingt-cinq pour cent au moins, à compter de la troisième année de l'établissement du rucher. Le prix du miel varie de cinquante francs à deux cent cinquante francs les cent kilogrammes selon sa qualité, selon l'année et selon l'époque de l'année.

Le prix de la cire oscille entre trois cents à quatre cents francs les cent kilogrammes.

On peut compter en moyenne obtenir huit à dix kilogrammes de miel par an, par ruche et un essaim pour deux ruches. On peut compter sur un produit annuel de trois cents grammes de cire par ruche.

OBSERVATIONS.

En résumé, nous avons conseillé pour la conduite des ruches deux méthodes, l'une dite méthode écossaise, perfectionnée par l'abbé Babiel, pour les ruches très-peuplées que nous nommons *excellentes*, l'autre dite méthode normande ou calottage pour les ruches un peu moins peuplées et que nous appelons *bonnes*.

La première méthode consiste, ainsi que nous l'avons dit déjà, à mettre dans les premiers jours du printemps, sous un panier plein, qu'on désire ne pas voir essaimer, un panier vide que les abeilles sont obligées de traverser pour sortir. Au printemps de l'année suivante, vingt-et-un jours après l'essaimage, le vieux panier, celui du dessus, est enlevé et récolté entièrement.

Les abeilles se réfugient dans le panier neuf qui avait été mis en-dessous et dans lequel elles ont établi des constructions. On récolte donc ainsi tous les deux ans un panier entier, en ayant recours à un transvasement qui se fait seul. Ce mode est excellent, très-simple et très-productif. On n'a jamais, en le suivant, de vieux gâteaux ni les inconvénients qui en résultent, mais il exige des ruches ayant une population très-grande.

Aussi, pour les ruches un peu moins peuplées et que nous nommons *bonnes*, nous préférons employer la méthode normande, dite calottage. Une petite ruchette vide de six à sept litres de capacitée est placée au commencement du printemps sur la ruche. Les abeilles y construisent des gâteaux qu'elles remplissent de miel et, à la fin de l'été, on enlève et on récolte cette calotte.

Par la méthode normande, on récolte chaque année une calotte; par la méthode écossaise, on récolte tous les deux ans un panier entier, qui vaut au moins deux calottes, et il faut toujours avoir recours à la méthode écossaise pour renouveler les rayons qu'on ne doit jamais conserver plus de trois ans.

Parmi les différentes méthodes d'essaimage artificiel, nous avons adopté celle qui se fait par transvasement naturel.

Pour les récoltes comme pour l'essaimage, donc le transvasement nous semble une excellente méthode, mais nous ne le provoquons pas, nous le laissons se faire seul et naturellement sans embarras, sans opérations spéciales plus ou moins difficiles à pratiquer, sans qu'il soit nécessaire d'avoir une ruche spéciale et d'un prix élevé.

FIN.

TABLE ALPHABÉTIQUE.

ERRATA.

Page 11 ligne première au lieu de pannier lisez panier.
Page 12 ligne neuf même observation.

www.ingramcontent.com/pod-product-compliance
Ingram Content Group UK Ltd.
Pitfield, Milton Keynes, MK11 3LW, UK
UKHW021504260726
13993UKWH00004B/1557

9 782329 244174